用身边的材料 **10**分钟 可完成的菜谱

# 自己动手
# 做辣油

日／五十岚美幸 著

中国旅游出版社

# CONTENTS 目录

**本书计量方法**
● 1大匙是15ml，1小匙是5ml。全部都用平勺衡量。
● 使用膨胀树脂煎锅。
● 使用不放盐的鸡骨汤。可根据个人口味调配。
● 制成的辣油盛装在一个200g左右的容器内。

直接蘸或稍微加一点儿。

这魔法般的一勺，总会使餐桌上的美味变得

意想不到地辛辣可口。

# 尝试制作
# 辣油

当下，辣油的受欢迎程度毋庸置疑。

其实，这本书让人吃惊的地方是：

教会你如何用寻常食材制作超级好吃的辣油。

蔬菜和充分添加的配料在油中溶出美味，让人不想放下筷子。

当然也可以在米饭、蔬菜、豆腐及其他一些菜肴中直接添加辣油，

让你感叹道：

"哇，真是好吃！"

所以，请一定尝试做一下哦！

# "辣味、香度、口感、鲜味的均衡与否是决定是否美味的要素。"

　　想要做出美味的辣油就需要很多不可或缺的要素，那就是辣味、香度和口感。将能够产生这些要素的食材与提味的调料放在一起，可以更加提高鲜美程度。那么，言归正传，各种各样的食材到底按照什么样的比例调和呢，接下来我将向大家传授我的私房技艺。

辣油的保存方法和保质期
● 请将制成的辣油冷藏保存。保质期根据辣油种类各异，但一般情况下为 7~10 天。
● 请使用耐热性好、可密闭的瓶等容器保存。并且，请一定要高温消毒后再装辣油，保持整体清洁。

# 易出
# 辣味和香度

的食材

要想品尝意想不到的辛辣，除了要有让人触动的味道和回味悠长的香辣调味料以外，通过煎炒产生浓香的蔬菜也是不可或缺的。

**单味辣椒**

辣椒为研磨后的小颗粒。比七味辣椒更辣。

**七味辣椒\***
（七味唐辛子）

添加了花椒、芝麻等多种口味的混合香辣料。（这种辣椒可以在淘宝网上很容易买到，很多日系超市也有卖）

**干辣椒**

辣味更强，尤其是里面的籽儿非常辣。

**花椒**

清爽的香味和令人发麻的辣味相结合。

**辣椒粉**

特点是具有鲜艳的红色和甜香。几乎没有辣味。

**大蒜**

切碎煎炒后具有甜味和独特的口味。

**生姜**

具有清爽的辣味和口味，可用来调味。

**洋葱**

经过加热可增加香味和甜味。是不可或缺的提香蔬菜。

**大葱**

与洋葱一样，经过加热可增加香味和甜味。

---

注：七味辣椒（七味唐辛子）的配方（重量比）是辣椒粉 50%，大蒜粉、芝麻粉各 12%，陈皮粉 11%，花椒粉、大麻仁粉、紫菜丝各 5%。

### 芝麻
吸引人的口感和香味。如果想提高口感，可以使用直接产生香味的芝麻粉。

### 花生
有很好的口味，只加一点点即可产生酥脆的口感。研成大块。

### 大蒜切片
干燥后的大蒜片。没有特殊的味道，只是有脆脆的感觉。

酥脆感》》

滋润感
》

### 洋葱
本身就具有甜味和香味，当然，滋润的口感也是洋葱的独特魅力。

# 易出口感的食材

加入了很多食材的辣油，口感如何也是决定是否好吃的要素之一。依据食材的不同，辣油会具有酥脆、滋润、爽口等的不同口感。

### 薤（jiào）头
爽口的感觉和甜酸的口感与辣油相当吻合。

### 腌芥菜
不仅有很好的口感，由于带有咸味，所以也有调味料的作用。

爽口感
《

### 番茄
切碎加热后可增加香味，具有滋润和柔软的口感。

### 牛蒡
让人深感意外的是：有极佳口感并且浓香的牛蒡与辣油竟然是绝配。

## 美味佳肴的烹饪诀窍

① 将食材仔细搅拌后再加热，不易溶化的调味料也要注意不要有渣子，并且也均匀地和其他食材搅拌在一起。

② 因为极易烤焦，所以火的大小非常关键。应该从小火到中火慢慢炒，食材的香气和味道才会转到油里。

③ 如果不想吃过辣的，那么辣椒等辣的食材要适量放，根据个人喜好适当调节辣味。

# 易出鲜味 的食材

能出鲜味的食材是使辣油的味道更丰富的重要素材，
会使辣油的味道即刻深入，如锦上添花。

### 干虾仁

常在中餐中出现的食材。味道上品，能广泛应用于菜肴制作中。

### 凤尾鱼

意大利料理中常用的食材，加热后更能增加它的美味。

### 牛肉干

凝缩牛肉的美味，添加后能使辣油更加入味。

### 熏肉

烟熏风味和略肥腻的感觉是它的特性。煎炒后能更加激发肉香。

### 豆瓣辣酱

中餐中常用到，辛辣的同时还很美味。

### 柚子辣椒糊

用柚子皮和辣椒制作而成的糊状调味料，比较少见。

### 煮海带

海带煮后有高汤的效果，且更易食用。

### 腌蒜

将生蒜放在酱油中腌制而成。

## 可以增味的调味料

由辣味、香度、口感、鲜味的食材结合在一起构成基础，再添加如下的秘方调味料就完美无瑕了。这些虽然是配料，却发挥着相当重要的作用。

### 苦椒酱

韩国的辣椒酱，拥有温和的辣味的同时也富有甜味，特质非凡。

### 豆瓣辣酱

辛辣与美味并存，同时还具有咸味，作用重要。

### 番茄酱

满是番茄香的番茄酱可产生甜味和酸味。

### 红辣椒汁

辣椒中加入西洋醋的调味汁，是少许酸味的西式风味。

用口感来选择？还是用味道来选择？
太好吃了！绝品！这就是最好的！

# 10 个种类的 辣油

　　肉和海鲜的美味紧密地结合在一起，还伴有酥脆的口感，真是无比享受，堪称人间绝品。接下来，向大家介绍10种精选辣油超详细的制作方法与流程，并且附带能够把辣油的味道完美表现出来的菜谱。

Do you like "HOT" ?

# 1

添加大量鲜味要素的
高品味辣油

# 超浓香
# 辣油

　　这种辣油的口味给人的印象
就像是XO。

　　利用干贝等高级食材，配合
身边简单易得的干虾、凤尾鱼、
牛肉干等食材，制作出浓香的辣
油。如果将洋葱的清香与肉和海
鲜的美味结合在一起，则能制造
出更多美味。

# 1 超浓香辣油 的制作方法

材料

单味辣椒 …… 1½ 大匙
豆瓣酱 …… ½ 大匙
洋葱 …… 50g
大蒜（切成碎末）…… 1 大匙

干虾 …… 30g
凤尾鱼（含油）…… 30g
牛肉干 …… 20g
色拉油 …… 300ml

① 将洋葱、大蒜、干虾、凤尾鱼、牛肉干都切成碎末。

② 牛肉干有些硬，用剪刀剪成细条后，再用菜刀切成更细的碎末。

③ 除了凤尾鱼以外，将①中的其他食材与单味辣椒、豆瓣辣酱、油一起倒入煎锅，搅拌后调至中火，不断地搅拌煸炒大约 2 分钟。

> point
> 油炒至透明时就 OK。如果炒的时间不够，油会比较浑浊。

④ 关火，加入凤尾鱼后利用余热继续搅拌，然后自然冷却。

⑤ 待完全冷却后，装入密闭的容器内。

> point
> 凤尾鱼容易烤焦，所以关火后加入，利用锅的余热就能使其散发出充分的风味。

用超浓香辣油
制作的美味

将辣油和蛋黄放在煮好的米饭上，
再滴上酱油。辣油的辛辣包裹在鸡蛋的清淡中，
搅拌蛋黄，然后就请享用美味吧。

# 超浓香辣油
拌饭

材料（1人份）
热米饭……1 碗
蛋黄……1 个
超浓香辣油……适量
酱油……适量

① 在热腾腾的米饭中根据自己的口
味加入适量辣油，打入蛋黄，再滴
上酱油。

对虾乃至虾壳都进行
细致烹调，滋味倍增！多汁的粉丝
好吃到令人感动。

用超浓香辣油
制作的美味

# 粉丝炒虾仁

材料（2 人份）
粉丝 …… 100g
带壳虾仁 …… 6 只
大葱 …… 2 根
打好的鸡蛋 …… ½ 个
超浓香辣油 …… 2 大匙
酱油 …… ½ 大匙
鸡汤 …… 100ml
色拉油 …… 1 大匙

① 将粉丝焯软，切成易食用的长度。
剪去虾头、虾脚，带壳的虾身从腹
部剖开。用牙签将背部的虾线取出。
将大葱切成 4cm 长度的段。
② 将油倒入煎锅中加热，将虾按压
在锅底，进行两面烤。虾的颜色改
变后，加入葱段轻轻翻炒。
③ 在②的锅中加入汤、辣油、酱油
和粉丝后翻炒，一直到将水分炒干
为止。
④ ③中水分炒干后关火，均匀地倒
入打好的鸡蛋，并迅速搅拌后出锅。

point
将虾从腹部剖开
要选择带壳的虾，这样虾的鲜味更容易
被激发出来。从腹部剖开，这样吃的时
候容易把壳剥下来。

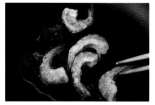

point
炒之前将虾烤一下，
可以提味！
在炒虾之前，将每只虾都烤一下，可以
除腥除臭，亦可以提升香味，为制作美
味菜肴打下基础。

添加的作料只有辣油。
白色的杏鲍菇中混合了
干虾和凤尾鱼的味道。

用超浓香辣油
制作的美味

# 浓香炒蘑菇

材料（2人份）
杏鲍菇……2个
超浓香辣油……2大匙
色拉油……2大匙

① 为使杏鲍菇的粗细一致，蘑菇
伞部分用菜刀切口，再用手撕开。
② 煎锅中倒入油加热，放入蘑菇
丝进行翻炒。
③ 将蘑菇丝用火炒软后，再加入
辣油翻炒。

point
将蘑菇用手撕开
更能散发出香味
为了更能散发出香味，建议用
手将蘑菇撕开。用菜刀将蘑菇
伞部分切开，以便获得粗细一致
的蘑菇丝。

种类

# 2

咸肉和大蒜的风味定能
勾起你的食欲

# 肉香
# 辣油

　　咸肉＋用酱油腌制的大蒜可
谓是黄金组合，食材简单却丝毫
不减美味。在咸肉炒出的香味中，
酱油腌制的大蒜更吸满了滋味。
只简单地将辣油拌入米饭或菜中，
就成为秒杀食客的私房美食了。

# 2 肉香辣油

## 的制作方法

材料
单味辣椒 ⋯⋯ 1½ 大匙
酱油腌蒜 ⋯⋯ 100g
咸肉 ⋯⋯ 60g
色拉油 ⋯⋯ 200ml

① 酱油腌蒜切成碎末。咸肉切成适当的大小后，用煎锅将两面煎至恰到好处。拿出后不烫手时切成碎末。

point
咸肉切成碎末后再煎会有溅出的危险，所以请务必煎后再切成碎末。

② 单味辣椒、大蒜、咸肉和油倒入煎锅中，仔细搅拌后调至中火。慢慢搅拌翻炒 2 ~ 3 分钟。

③ 关火，利用余热继续熬出味道，自然冷却。

④ 完全冷却后装入密闭的容器内。

2

用肉香辣油
制作的美味

在柔软的茄子上，
淋上带有点儿酸味的辣酱，
就做成过瘾的下酒菜了。

# 辣油拌炸茄子

材料（2 人份）
茄子……2 个
油……适量
【调料汁】
　肉香辣油……2 大匙
　酱油……1 大匙
　醋……1 大匙
　砂糖……1 大匙

① 茄子去蒂，刮掉老皮，纵向剖开，表皮上薄薄地切成菱格形状，然后再切成大约 5cm 长的条状块。将调料汁的材料搅拌好。
② 油加热至170℃，放入茄子，油炸至柔软状态。
③ 趁茄子还热将调料汁倒入，取出茄子摆盘。淋上锅里剩余的调料汁。

蛋炒饭。更加凸显辣油中咸肉的作用。
炒了无数次炒饭的你，
很难炒出一粒一粒的感觉吧？

用肉香辣油
制作的美味

# 肉香辣油炒饭

材料（2人份）
米饭⋯⋯250g
鸡蛋⋯⋯1个
大葱⋯⋯2根
肉香辣油⋯⋯1大匙
酱油⋯⋯1½大匙
色拉油⋯⋯1大匙

① 鸡蛋打好，大葱切成葱末。
② 将温热的米饭倒入一个大盘子
里，加入打好的鸡蛋，细细搅拌。
③ 煎锅中倒入油，加热，然后
倒入②中的食材，进行翻炒。
④ 加入肉香辣油和酱油、葱末，
再进行翻炒。

point
将鸡蛋拌入米饭后再炒，
就能炒出一粒一粒的感觉
炒之前将打好的鸡蛋拌入米饭，
拌匀，使每粒米饭都沾到鸡蛋，
然后制作出品质炒饭。

有效地利用辣油中的肉，
材料采用蔬菜和魔芋丝（超市中能买到）。
配鸡汤煮炖。

2

用肉香辣油
制作的美味

# 香辣土豆炖肉

材料（2人份）
土豆……2个
洋葱……1个
魔芋丝……1袋
荷兰豆……适量

肉香辣油……3大匙
酱油……1½大匙
味淋*……1½大匙
鸡汤……600ml

① 土豆去皮，切成4等份。将洋葱纵向切成四等份。将魔芋丝用热水焯一下，切成便于食用的长度。为保证荷兰豆的脆感，也要焯一下，纵向细切。
② 除了荷兰豆以外，将其他食材都倒入锅内，煮15分钟。
③ 盛入器皿，放上荷兰豆。

---

注：味淋，又称米霖，是由甜糯米加曲酿造而成，属于料理酒的一种，味淋中富含的甘甜及酒味能有效去除食物的腥味。味淋多在日本料理中出现，可以在大型超市买到。如果手边确实没有味淋时，可用米酒加点红糖代替。

# 3

新鲜的番茄很有
西式风味

# 意大利
# 辣油

与大蒜和洋葱混合。番茄和
洋葱的甘甜，再加上大蒜的点缀。
各种味道中加入红辣椒，酝酿出
西式的口感，制作出番茄调味汁
一样的味道。滋润柔软的口感让
这款辣油也能发挥很大的作用！

# 3 意大利辣油

的制作方法

材料

辣椒粉 …… 1 小匙

干辣椒（切成环状）…… 适量

豆瓣辣酱 …… 1 大匙

番茄 …… 150g

洋葱 …… 60g

大蒜（切成碎末）…… 1 大匙

色拉油 …… 200ml

① 番茄切成稍大的块。洋葱、大蒜切成碎末。

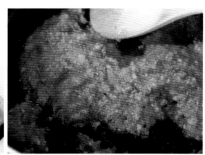

② 煎锅中倒入 2 大匙油（200ml 之外的油），
加入①的食材，调至中火。用铲子细细地
搅拌，慢炒直至蔬菜的水分变少。

point
刚开始通过对蔬菜的慢炒，能让蔬菜产生
美味和甘甜、香气。水分多容易迸溅，所
以边搅拌边炒（搅拌会减少迸溅）。

③ 加入干辣椒、豆瓣辣酱、200ml 色拉油，
边搅拌边用中火炒 2 ~ 3 分钟。

④ 关火，加入辣椒粉搅拌。用锅的余热烘烤，
自然冷却。

⑤ 待完全冷却后装入密闭的容器内。

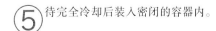

番茄的甘甜加上鸡肉和土豆的香，就成为西餐美味。
吃的人将获得心灵上的极大满足。

3
用意大利辣油
制作的美味

# 辣煮鸡肉

材料（2人份）
鸡腿肉……1份（200g）
土豆……1个
淀粉……½大匙
意大利辣油……3大匙
酱油……2大匙
鸡汤……300ml
胡椒……少许
色拉油……1大匙

① 鸡肉去筋切成四等份。土豆蒸后去皮，切成六等份。
② 鸡肉放入大盘内，充分蘸上酱油，轻轻揉一揉，再沾上淀粉。加入色拉油，搅拌调和。煎锅加热，倒入鸡肉，煎至两面金黄色。
③ 在②的食材中加入土豆和汤、酱油、辣油，用铝箔或厨房用纸将食材盖上，用中火收汁。

point
**通过先涂油达到
去油的目的**
为了保持鸡肉的美味，将鸡肉沾上淀粉，再涂上油，这样做比起在煎锅中倒入油进行油炸更能有效去油，一举两得。

point
**炖之前先煎一下，可凝聚味道**
涂上淀粉和油，炖之前在煎锅内煎一下。所费的这些功夫能使鸡肉的味道凝聚，提升香味。

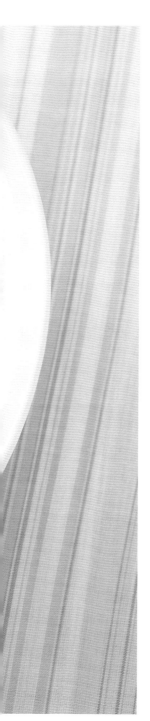

猪肉沾上磨碎的奶酪，
再煎一下，可以产生酥脆的口感。
而辣油感觉就像辣的番茄酱一样。

3
用意大利辣油
制作的美味

# 香熘猪肉

材料（2人份）
猪里脊肉 …… 100g
鸡蛋 …… 1 个
菠菜 …… 适量
淀粉 …… ½ 大匙
磨碎的奶酪 …… 适量
意大利辣油 …… 适量
白胡椒 …… 少许
色拉油 …… 1 大匙

① 将猪肉铺在平的方底盘内，整体撒
上胡椒后，加入淀粉抓拌。
菠菜焯一下，切成易于食用的大小。
② 鸡蛋搅拌均匀，倒入①的方底盘内，
让肉沾上蛋液。
③ 煎锅中倒入色拉油加热，然后倒入
②中的食材，进行两面煎。肉煎炸至
稍变色后撒上磨碎的奶酪，然后继续
煎炸。另一面也一样。
④ 将肉和菠菜盛到器皿中，倒上辣油。

point
肉上撒淀粉，
更易裹上鸡蛋

将淀粉撒到猪肉上以后，再倒入
鸡蛋，则鸡蛋不易脱落。

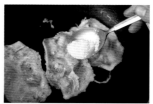

point
撒上磨碎的奶酪
会产生酥脆的口感

如果涂上鸡蛋煎炸后，再撒上磨
碎的奶酪，之后再进行一次煎炸，
则会产生更浓郁的味道，还会产
生酥脆的口感。

素朴的加吉鱼美味。

绝妙均衡的菠萝的香和辣油的辣。

# 加吉鱼生鱼片

用意大利辣油
制作的美味

材料（2 人份）

加吉鱼生鱼片 …… 85g

嫩菜叶 …… 适量

菠萝 …… 15g

意大利辣油 …… 适量

柠檬汁 …… 1 小匙

盐 …… 极少

① 将菠萝切成 5mm 左右的薄片，嫩菜叶洗后将水沥干。

② 将加吉鱼生鱼片和菠萝放入大盘中，倒入柠檬汁和盐，轻轻搅拌。

③ 在器皿中倒入薄薄的一层辣油，撒上嫩菜叶，倒入②中的食材，再倒上辣油。

种类

番茄汁的香甜与薤头的酸味，
与辣味很相称

# 甜辣油

　　基础味道是番茄酱的这款辣油，番茄酱与薤头的意外组合，竟然成就了最好吃的味道！番茄汁的香甜、略带酸味的薤头、辛辣感，浑然一体。甜辣略酸的辣油就此横空出世了。薤头那种沙沙的口感也非常的GOOD！

# 4 甜辣油

## 的制作方法

材料
单味辣椒 …… 1½ 大匙
豆瓣辣酱 …… 1 大匙
番茄酱 …… 2½ 大匙
洋葱 …… 80g
薤头 …… 50g
色拉油 …… 200ml

 洋葱、薤头切成碎末。

② 煎锅中倒入 2 大匙油
（200ml 以外的油），加
入洋葱，用中火将洋葱炒至
半透明状。

point
首先对洋葱进行煎炒，可以产生
香味和甜味。越炒味道越浓郁。

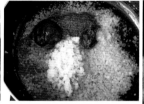

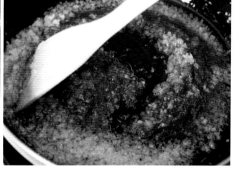

③ 暂时关火，加入 200ml 油、单味辣椒、
豆瓣辣酱、番茄酱、薤头，在关火的状
态下仔细搅拌。

point
豆瓣辣酱容易成块，重点是在加
热前仔细搅拌均匀。

④ 豆瓣辣酱搅拌好后，再次调至中火，炒
1 分钟后关火。保持余热，自然冷却。

⑤ 完全冷却后装入密闭容器内。

用甜辣油
制作的美味

在半熟的鸡蛋和番茄柔和的味道中，
用辣油来进行香甜度的点缀。

# 甜辣番茄炒鸡蛋

材料（2人份）
鸡蛋……2个
番茄……2个
甜辣油……1½ 大匙
酱油……½ 大匙
色拉油……1 大匙

①番茄去蒂，随意切成易于食用
的小块。鸡蛋充分打好。
② 煎锅中倒入油，油热后倒入
打好的鸡蛋，炒至半熟后盛入大
盘中。
③ 在②的食材中加入番茄、辣
油、酱油，在大盘中轻轻搅拌，
然后再一次倒入煎锅中轻炒。

point

将番茄快速地炒一下，
不要出水

鸡蛋炒至柔软的半熟状，此时从火上
端下，与番茄一起在大盘中进行调味
后再轻炒，鸡蛋会很松软。番茄中也
会很入味，并且不会出水。

用甜辣油
制作的美味

普通的猪肉辣白菜，加上一匙辣酱，
竟然产生出惊人的味道，宛如魔法一般，
恳请你一定要试一试！

# 甜辣猪肉辣白菜

材料（2 人份）
猪里脊肉 ······ 100g
杏鲍菇 ······ 1 个
辣白菜 ······ 100g
甜辣油 ······ 1 大匙
色拉油 ······ 2 大匙

① 猪肉切成一般大小的片。杏鲍
菇拦腰切断，纵向再切成薄片。辣
白菜也切成易于食用的大小的块。
② 色拉油倒入煎锅加热，倒入猪
肉和蘑菇翻炒。
③ 肉熟后加辣白菜和辣油，边搅
拌边炒至味道融合。

point
生肉和蘑菇要一起炒
将生肉和蘑菇一起倒入锅中炒，
这样做可以使蘑菇吸收肉的美味，
更加好吃。

切好的番茄仅拌一拌就行了。
这是加餐时可立即制成的小菜。

4
用甜辣油
制作的美味

# 番茄辣油拌

材料（2人份）
番茄……2个
甜辣油……2大匙
香菜……适量

① 番茄去蒂，随便切成易于食用的小块。

② 番茄和辣油都放入大盘内，仔细调拌。然后盛入器皿，加上香菜点缀。

种类

# 5

加入海带的全黑
日式辣油

# 咸烹海带
# 辣油

　　虽然是辣油，却完全是黑色
的。主要原因是使用了海带。这
款辣油是米饭的绝佳伴侣，再加
上柚子胡椒和生姜的功效，口味
变得相当独特。以酱油渍的海带
味为基础，在各种菜肴中也发挥
着重要作用。

种类

# 5 咸烹海带辣油

## 的制作方法

材料
七味辣椒 …… 1 大匙
生姜（切成碎末）…… 1½ 大匙
海带 …… 80g
柚子辣椒糊 …… 1 小匙
色拉油 …… 200ml

① 将生姜和海带切成碎末。

② 在煎锅中倒入七味辣椒、生姜、海带、色拉油，仔细搅拌，调至小火。边搅拌边翻炒 1 分半钟。

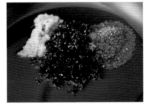

point
海带很容易焦，所以用小火翻炒，炒 1 分半钟就 OK。

③ 关火，加入柚子胡椒再进行轻炒。

point
柚子胡椒能很快出味，所以最后添加并且轻炒，炒的时间要短。

④ 自然冷却，待完全冷却后装入密闭容器内。

5
用咸烹海带辣油
制作的美味

黑色烤饭团的外观有冲击力，味道更令人心动，
咬一口则让人惊讶不已！

# 咸烹海带辣油烤饭团

材料（2人份）
米饭……300g
咸烹海带辣油……适量
酱油……适量
芝麻油……适量

① 按照口味，将适量的酱油和芝麻油仔细搅拌，做成调料汁。
② 温热的米饭做成2个饭团，用烧烤网或烤架来烤。其间一边将调料汁涂在饭团的表面一边烤，烤至看起来很好吃的颜色即可。
③ 烤好的饭团上淋上辣油就OK了。

这款调味汁会使蔬菜更加甘甜可口，
令人食指大动。

# 蒸蔬菜配
# 咸烹海带辣油调味汁

材料（2人份）
油菜……1棵
白菜……1片
芦笋……2个
嫩玉米……2个
胡萝卜……½个
咸烹海带辣油……适量
色拉油……适量
＊可根据自己的口味放入喜欢的蔬菜。

① 将蔬菜切成易于食用的大小，
放入屉中，全部涂上油。
② 上蒸笼或蒸锅蒸，蒸至自己
喜欢的口感。
③ 蒸好后，蘸辣油调味汁食用。

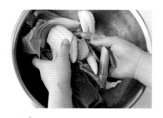

point
蔬菜涂满油后蒸会非常爽口
蒸之前，将蔬菜完全涂上色拉油，
这样水分和美味不会流失，并且
爽口。

海带和碎肉搭配
会是什么味道！？
想要品尝少有美味就看这里！

5
用咸烹海带辣油
制作的美味

point

### 少油煎炸的方法

用很少的油进行煎炸的要点是：倒入适量的油，充分加热，边翻动茄子边进行煎炸。温度控制在放入茄子后能炸出沙沙的小泡（约170℃）。翻动的作用是不让茄子的水分进溅。

# 辣油肉馅炒茄子

**材料（2人份）**

茄子……2个
猪肉馅……150g
大葱……2根
咸烹海带辣油……3大匙
鸡汤……50ml
酱油……1大匙
醋……½大匙
花椒粉……适宜
淀粉……1大匙
色拉油……适量

① 茄子去蒂，随意切成小块。大葱切成长2cm左右的段。将淀粉溶于1大匙水中，制成水淀粉。

② 煎锅中倒入约2cm深的油，并加热至170℃左右。倒入茄子，煎炸至茄子柔软时取出，并将油沥干。

③ 将②中锅内的油倒掉，放入肉馅翻炒。待油脂从肉中渗出并且颜色恰到好处的时候，倒入辣油、鸡汤、酱油、醋，继续翻炒。

④ 肉入味后，加入茄子和大葱继续轻炒，最后均匀倒入水淀粉勾芡。根据个人喜好，放入花椒粉。

种类

# 6

牛蒡的风味和嚼头，
令人特别想动筷子。

# 香脆蔬菜
# 辣油

辣油里放上牛蒡和芥菜，再
加上生姜就变成了拥有很多清香
味道的蔬菜辣油。味道复杂却感
觉很入味。在期待酥脆的口感的
时候，辣油进入嘴里的那一瞬间，
牛蒡和七味辣椒的清香立即扩
散，果断引发食欲。请一定要试
上一试！

# 6 香脆蔬菜辣油

的制作方法

材料

单味辣椒 ····· 1 大匙　　生姜（切成碎末）····· 1½ 大匙
七味辣椒 ····· 1 大匙　　色拉油 ····· 2 大匙
牛蒡 ····· 80g　　　　　芝麻油 ····· 200ml
腌芥菜 ····· 50g

① 将牛蒡、腌芥菜、生姜切成碎末。

point
牛蒡独特的风味大部分来自外皮，所以为使其充分散发出味道，要连着皮一起切成碎末。

② 煎锅中加入①的食材和色拉油，仔细搅拌后，调至小火。

③ 炒 1 分钟左右，加入单味辣椒和七味辣椒，仔细搅拌后再轻炒。

④ 加入芝麻油，再小火炒 30 秒左右后关火。

⑤ 自然冷却，待完全冷却后装入密闭容器内。

牛蒡的味道浓厚，
素气的豆芽因添加的辣油
而发生了大转变！

6 用香脆蔬菜辣油制作的美味

# 香脆蔬菜辣油炒豆芽

材料（2人份）
豆芽……1袋
火腿……50g
香脆蔬菜辣油……2大匙
鸡汤……50ml
酱油……1大匙
色拉油……1½大匙

① 豆芽用水洗一下，放在滤筐中将水沥干。火腿切细丝。
② 在①的食材中加入色拉油，使所有的食材都沾到油。
③ 煎锅中加入鸡汤、酱油、辣油，搅拌。再加入②的食材，用大火加热，开锅后盖上盖子。持续加热2分钟，关火，轻轻搅拌。

point
如何将蔬菜炒得香脆
炒豆芽和火腿之前拌入油，然后用大火炒，接近干烧的状态，这样做的目的是让豆芽快速加热，即使用家庭炉灶也能把水分蒸干，使蔬菜变得香脆，并且火腿的味道也不会流失。

用香脆蔬菜辣油
制作的美味

快手咸炒肉片卷心菜炒面。
稍微加点水面条会更软。

# 香脆蔬菜辣油炒面

材料（2 人份）
卷卷的炒面 …… 1 团
猪肉片（4cm 宽）…… 60g
卷心菜 …… 120g
香脆蔬菜辣油 …… 2 大匙
盐 …… ½ 小匙
色拉油 …… 1 大匙

① 卷心菜细切成 5mm 宽，放入
大盘，全部蘸上油。
② 猪肉倒入煎锅中，只用肉溢
出的油脂轻炒。待其变色后加入
卷心菜、色拉油，倒入炒面，将
面散开。再倒入 50ml 水、辣油，
边搅拌边炒。
③ 完成后再加盐。

point
不放油炒肉
猪肉片的脂肪很多，所以炒肉时
不放油。肉加热后再放油并倒入
卷心菜。

6
用香脆蔬菜辣油
制作的美味

在用蛋黄酱拌的土豆沙拉里
加入牛蒡，使口感和风味得到提升，
制作与众不同的私房沙拉。

# 辣味土豆沙拉

材料（2人份）

土豆……2个

洋葱……¼个

黄瓜……½根

香脆蔬菜辣油……3大匙

蛋黄酱……3大匙

黑胡椒……少许

盐……少许

① 土豆蒸后去皮，简单地弄碎。洋葱切成薄丝，黄瓜切成薄的圆片。

② 在土豆有余热的时候将①的食材倒入大盘内，放蛋黄酱、盐、黑胡椒，搅拌。最后加入辣油，仔细搅拌就OK了。

# 7

种类

花生和芝麻的咯吱咯吱
的口感极具魅力

## 芝麻辣油

　　浓香且有嚼头的辣油。碎花生有咯吱咯吱的口感，黑芝麻有韧性的感觉，大蒜片浓香、大葱清香，白芝麻有清香和醇厚的味道。这些合为一体，成就了超凡的口感。

# 7 芝麻辣油

## 的制作方法

材料

单味辣椒 …… 1 大匙          白芝麻粉 …… 1½ 大匙
七味辣椒 …… 1 大匙          黑芝麻 …… 1½ 大匙
花生 …… 40g               大葱 …… 40g
脱水大蒜片 …… 1½ 大匙      芝麻油 …… 200ml

① 将花生和脱水大蒜片放入塑料袋中，用擀面杖
敲成碎末。大葱切碎末。

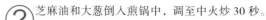

point

花生和脱水大蒜片放入塑料袋，用擀面杖轻轻敲打，这个方法比使用菜刀更省事，还不会使食材飞溅。

② 芝麻油和大葱倒入煎锅中，调至中火炒 30 秒。

③ 加黑芝麻和花生，中火再炒 30 秒。加单味辣椒、
七味辣椒、脱水大蒜片、芝麻粉，炒 30 秒后关火。

④ 自然冷却，待完全冷却后装入密闭的容器中。

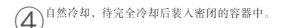

柔软的猪肉、松脆的黄瓜、咯吱咯吱的花生。
奶酪也隐隐地散发着其独特的香味。

# 辛辣肉片沙拉

7

用芝麻辣油
制作的美味

材料（2人份）
猪肉片（偏瘦）……80g
黄瓜……1根
芝士奶酪……15g
芝麻辣油……2大匙
酱油……1大匙

① 猪肉片用热水焯过，然后在锅中略加热，将水分炒干。黄瓜切薄片（可用削皮器削成细薄的长片），再切成约6cm长的段。芝士奶酪也用削皮器削薄。
② 将芝麻辣油和酱油倒入大盘中，搅拌。再加入①的食材，仔细搅拌直至味道融合。

用鸡胸肉做出惊人的滋润柔软感。
蘸着醇厚的调味汁食用。

用芝麻辣油
制作的美味

# 绵软棒棒鸡

材料（2人份）
鸡胸肉 …… 2块
黄瓜 …… 1根
鸡汤 …… 300ml
【调料汁】
　芝麻辣油 …… 2大匙
　烤肉的调料汁（甜口）…… 1½ 大匙
　蛋黄酱 …… 1大匙
　芝麻酱 …… 2大匙
　酱油 …… 1/2大匙
　醋 …… 1大匙

① 用擀面杖轻轻敲打鸡胸肉。黄瓜略去皮后细切成约8cm长的段。
② 鸡汤烧开，敲打过的鸡胸肉放入耐热容器内，倒入烧开的鸡汤，包上保鲜膜，放置约15分钟。
③ 将调料汁的材料放入大盘中，细细搅拌。
④ 取出②食材中的鸡胸肉，去筋，切条。
⑤ 将黄瓜、鸡胸肉按顺序放入器皿中摆盘，倒上足够的调料汁。

point
敲打鸡胸肉并加热
为了短时间实现加热，可用保鲜膜将鸡胸肉包上，再用擀面杖敲打鸡胸肉直至鸡胸肉变成原来的1½倍大小。

point
用汤的余热给鸡胸肉加热
可以让肉质变得柔软
敲打后的鸡胸肉淋上汤，包上保鲜膜，放置15分钟左右，用汤的温度加热，做出令人惊讶的滋润和柔软的鸡肉。

沙啦沙啦地炒，
在鲜美的碎肉中芝麻和
花生散发着香味。

7

用芝麻辣油
制作的美味

# 辣油味炸酱面

材料（2 人份）
面条……1 团
猪肉馅……150g
豆芽（用水焯过）……50g
雪里蕻……15g
芝麻辣油……1½ 大匙
酱油……1 小匙
甜面酱……1 大匙
砂糖……1/2 大匙

① 雪里蕻切成约 8cm 长的段。
② 将肉馅倒入煎锅，不放油地炒。待油脂溢出后再加入甜面酱、砂糖、酱油进行调味。
③ 味调好后，加入辣油再进行煎炒，做成肉酱。
④ 面条煮熟，水分沥干。放入大盘中，倒上少量（材料以外的）辣油。
⑤ 将④中的食材倒入容器内，加上雪里蕻和豆芽，再加入③的肉酱。

point
将肉炒至咯吱咯吱的感觉
待油脂溢出，肉产生咯吱咯吱的感觉后再加入调味料，可以提升味道！肉馅容易飞溅，所以要用铲子边搅拌边炒。

種類

# 8

这是一款加入了生姜、大蒜、大葱的香味四溢的辣油

# 浓香
# 香辣油

生姜、大蒜、大葱煸炒至香味散发出来，待各种味道全部浸到入油里以后再加入辣椒，制成口感滋润松软却鲜香无比的酱品。可以将滑润的糊状酱与其他调味料搭配做成调味汁，或对食材进行腌制。

# 8 浓香香辣油

的制作方法

**材料**

单味辣椒 …… 1 大匙

七味辣椒 …… 1 大匙

辣椒粉 …… 1 大匙

葱 …… 60g

大蒜（切成碎末）…… 2 大匙

生姜（切成碎末）…… 2 大匙

色拉油 …… 200ml

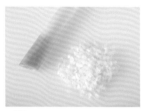  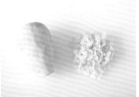

① 葱、大蒜、生姜切成碎末。

② 油和生姜、葱、大蒜放入煎锅中，调至中火，炒 1 分钟左右。

> **point**
> 先对葱、大蒜、生姜进行煎炒，可以使味道渗入油中，能提香提味。

③ 加入单味辣椒、七味辣椒、辣椒粉，再炒 1 分钟左右关火。

④ 自然冷却，待完全冷却后装入密闭的容器内。

在整块豆腐中放入大量的辣油和葱花，
然后用汤匙食用。

用浓香香辣油
制作的美味

# 浓香香辣油冷豆腐

材料（2 人份）
嫩豆腐……1 块
葱花……适量
浓香香辣油……2 大匙
酱油……1 大匙

① 豆腐用厨用纸巾包住，将水
分沥干。葱花切成末。
② 不要将豆腐切开，整块放到
容器内，倒上酱油（先倒辣油的
话豆腐不会入咸味）。再倒上浓
香香辣油，撒上葱花。

拥有绝妙的松脆外皮，
让人忍不住吃个不停。

用浓香香辣油
制作的美味

# 炸鸡浓香
# 香辣油调味汁

材料（2人份）
鸡腿肉…… 1个（200g）
洋葱……适量
白胡椒……少许
淀粉……1/2 大匙
炸鸡粉……1½ 大匙
炸油……适量
【调味汁】
　香辣油……2 大匙
　酱油……1 大匙
　醋……1 大匙
　砂糖……½ 大匙

① 鸡腿肉去筋后切成细长的条状。完全蘸上胡椒，再裹上淀粉。洋葱切丝放置，把外表的水分沥干。调味汁的材料仔细拌好。
② 炸鸡粉按照包装上的使用说明溶在水里，然后将①的鸡腿肉都裹上炸鸡粉。
③ 煎锅中倒入约2cm深的油，并加热至170℃左右，倒入②的鸡腿肉炸至金黄的颜色后捞出，将油沥干。
④ 洋葱铺在容器中，炸好的鸡块摆盘，再充分地浇上调味汁。

point
裹淀粉的作用
裹炸鸡粉之前鸡腿肉如果蘸上淀粉，就会更有沙沙的酥脆感觉。

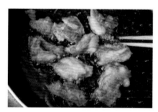

point
这样的着色即OK
用170℃的油炸，颜色如照片所示即OK。油易飞溅，要一边不断翻动鸡腿肉一边油炸。

用浓香香辣油
制作的美味

加入金枪鱼的浓香香辣油，
强力推荐配米饭吃。
拌沙拉也GOOD！

# 辛辣金枪鱼盖饭

材料（2 人份）
米饭……300g
金枪鱼生鱼片……100g
纳豆……1 盒
萝卜苗……适量
【调味汁】
　浓香香辣油……2 大匙
　酱油……1½ 大匙

① 萝卜苗切成易于食用的长度，
纳豆搅拌好。
② 调味汁中用到的材料倒入大
盘中拌匀，加入金枪鱼，腌 15
分钟。
③ 米饭盛入容器，摆上金枪鱼，
再加上萝卜苗和纳豆就 OK 了。

种类

# 9

加入豆瓣辣酱和花椒后，
辣油变得令人舌头又麻又爽的辛辣

# 辛辣
# 辣油

花椒的香味入口后瞬间扩散，
然后发麻的感觉一点一点地显现。
辣！但，好吃！辛辣和香味都很
浓郁。想吃辣东西的时候，就一
边擦汗一边吃起来吧！

## 种类

# 9 辛辣辣油
的制作方法

材料

单味辣椒 …… 1½ 大匙 　　　干辣椒 …… 6 个
七味辣椒 …… 1½ 大匙 　　　胡萝卜末 …… 2 大匙
豆瓣酱 …… 1½ 大匙 　　　生姜末 …… 2 大匙
胡椒粒 …… 1 大匙 　　　色拉油 …… 200ml

① 大蒜、生姜切成碎末备用。

② 油和干辣椒、胡椒粒倒入煎锅中，调至中火，炒 30 秒左右。

point
首先煎炒令舌头发麻的胡椒粒，让胡椒的味道进入油中，制作出辣味惊人的辣油。加入凉油后，如果不及时进行煎炒可能会焦掉，这点要注意。

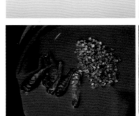

③ 一旦关火，立刻加入大蒜、生姜、单味辣椒、七味辣椒、豆瓣辣酱，仔细搅拌。

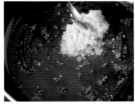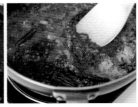

④ 待豆瓣辣酱溶解，并仔细搅拌之后，再开火调至中火，边仔细搅拌边炒 1 分钟左右，关火。

point
关火后仔细搅拌可以防止焦掉。一边用铲子搅拌一边炒防止迸溅。

⑤ 自然冷却，待完全冷却后装入密闭容器内。

口感顶级好的主食。

# 番茄水饺

材料（1 人份 /8 个）
猪肉薄片 …… 60g
小西红柿 …… 4 个
饺子皮 …… 8 张
雪里蕻 …… 适量
【调味汁】
辛辣辣油 …… 2 大匙
酱油 …… 1 大匙
醋 …… 1 大匙

① 将猪肉片切成 3cm 左右的宽度，共八等份。小西红柿去蒂，纵向切成两半。雪里蕻切成易于食用的大小。均匀搅拌调味汁的食材。
② 分成八等份的肉铺在饺子皮的中央，在上面放上小西红柿。在饺子皮的周围蘸上水，用肉将小西红柿包裹，将饺子皮捏成褶，压紧。
③ 锅里放适量水烧开，下饺子煮约 3 分钟。饺子捞出放到盘子里，再放上雪里蕻，倒上调味汁。

用辛辣辣油
制作的美味

中餐中真正的必需品。

# 麻婆豆腐

材料（2 人份）
豆腐……1 块
猪肉馅……150g
大葱……2 根
鸡汤……200ml
辛辣辣油……2 大匙
甜面酱……2 大匙
酱油……½ 大匙
淀粉……2 大匙

① 豆腐切成 3cm 的四方块，用热水焯一下，放入滤筐中将水分沥干。大葱切成 1cm 长的段。淀粉溶于 2 大匙水中，做成水淀粉备用。

② 肉倒入煎锅中，不放油地炒。油脂从肉中溢出，将颜色炒至恰到好处时，加鸡汤、辛辣辣油、甜面酱、酱油，再继续煎炒。

③ 在②中加入豆腐和大葱，一边搅拌一边炒。

④ 整体入味后关火，均匀地倒入水淀粉。然后再开火，轻轻搅拌成黏稠状。最后根据个人口味加入辣油。

*point*
提前加入辣油
可以产生辛辣的口味
肉馅炒到散发出肉香后，加入酱油和甜面酱等调味料，同时加入辣油。在烹饪的最初阶段加辣酱并加热，可以增加辛辣的感觉。

*point*
关火后再倒水
淀粉的作用
这是为了防止淀粉成团，这样做黏稠的水淀粉不易成团。

9
用辛辣辣油
制作的美味

想制作鸡蛋绵软的鸡蛋汤？
想要喝点打破寻常味道的鸡蛋汤？
那就看下面这个吧。

# 辣味鸡蛋汤

*point*

倒入鸡蛋后
不要马上搅拌

为使鸡蛋绵软，不要马上搅拌是
要点，鸡蛋漂浮并开始凝固以后，
再用铲子慢慢搅拌。

材料（2 人份）
鸡蛋……2 个
洋葱……½ 个
豆腐……½ 块
鸡汤……600ml
辛辣辣油……2 大匙
颜色浅淡的酱油……1 大匙
淀粉……2 大匙

① 鸡蛋打好，洋葱竖向切薄丝，豆腐切成 5~6cm 长度的长条。淀粉溶于 2 大匙水做成水淀粉备用。
② 汤倒入锅中，加洋葱、豆腐、酱油煮。
③ 洋葱变得柔软后关火，边搅拌汤边均匀地倒入水淀粉。黏稠状形成后，加入打好的蛋液，鸡蛋开始凝固后轻轻搅拌。再次开火，煮开后关火，最后加入辣油。

種 类

# 10

以韩国辣酱为基础，加入新鲜
的辅料，制作出浓香的美味

# 韩国辣酱
# 辣油

　　韩国辣酱醇厚和香甜的味道，
成为这款辣油的基础味道。配合
洋葱、大蒜、生姜3种辅料，做
成稍微有些甜，然后有些辣的超
好吃辣油。

# 10 韩国辣酱辣油

## 的制作方法

材料
单味辣椒 …… 1 大匙
韩国辣酱* …… 2 大匙
洋葱 …… 80g
大蒜（切成碎末）…… 1 大匙
生姜（切成碎末）…… 1 大匙
色拉油 …… 200ml

① 洋葱、大蒜、生姜切成碎末。

② 油和洋葱、大蒜、生姜倒入煎锅中均匀搅拌后，调至中火，炒 1 分钟左右。

③ 在加热的状态下，放入单味辣椒，边用铲子搅拌边炒 30 秒左右。

④ 关火，趁热加入韩国辣酱。利用余热进行加热，然后自然冷却。待完全冷却后装入密闭的容器内。

> point
> 韩国辣酱有很大的甜味，所以很容易炒焦，因此关火后最后才加入。

注：成盒的韩国辣酱在超市就能买到。

这是稍微有一点儿酸味的清淡小菜。
拍碎的黄瓜充分吸收了辣味，
好吃得不得了。

# 辣油拌黄瓜

材料（2人份）
黄瓜……2根
韩国辣酱辣油……2大匙
醋……½大匙
酱油……适量

① 黄瓜切成约4cm长的条，然后用擀面杖轻轻敲打。
② 将①的食材倒入大盘中，加辣油和醋，均匀搅拌。最后，加入酱油调味。

这是吃白米饭时的首选菜品。
青甘鱼鱼块中融合着生姜的味道和甜辣味，
真是一种享受。

10

用韩国辣酱辣油
制作的美味

# 辣炖青甘鱼

材料（2人份）
青甘鱼鱼块……2块（230g）
生姜……5g
鸡汤……150ml
韩国辣酱辣油……2大匙
酱油……1大匙
甜料酒……1大匙

① 青甘鱼浇上热水并洗一下，将水沥干。生姜薄切。
② 生姜、鸡汤、辣油、酱油、甜料酒倒入煎锅中，盖上盖子，调至中火，加热5分钟。
③ 5分钟后打开盖子，熬至呈现光泽时关火。

point
青甘鱼用热水烫可以去腥
用热水烫一下，可以去腥臭并提味。变色即可（参照图片），然后放到滤筐里将水分沥干。

这款冷面清淡得辅料只有大葱，
最后借芝麻油稍微提味。

# 辣味冷面

材料（2 人份）
面条 …… 1 团
大葱 …… 2 根
韩国辣酱辣油 …… 1½ 大匙
酱油 …… ½ 大匙
芝麻油 …… 1 大匙

用韩国辣酱辣油
制作的美味

① 面条煮熟，过冷水，将水分沥
干。大葱切成薄的小圈。
② 面条放到大盘里，加入辣油、
酱油拌好，再盛入器皿内，撒上
葱花。
③ 用煎锅将芝麻油加热，加热后
的芝麻油倒在②的大葱上，完成。

附赠：镇宅秘制

在家制作专业的味道！

## 接下来向大家介绍私家镇宅级别的辣油"美虎辣油"，以及用这款辣油制作的菜品。

辣油使用了自家制作的葱油，口感丰富，香味浓郁

# 美虎辣油 的制作方法

材料

单味辣椒……1½ 大匙
七味辣椒……1 大匙
辣椒粉……1 大匙
辣椒粉（韩国产）……1½ 大匙

【葱油】

洋葱（带皮）……½ 个
生姜（带皮）……40g
大葱（葱白和葱叶连接的部分）……50g
色拉油……400ml

① 制作葱油。大葱和生姜带皮切成大块。将大葱切成能够放入煎锅的大小。

② 油和①的食材倒入锅中，调至中火。边均匀搅拌，边加热至食材变成淡茶色、香味散发为止，食材的味道渗透进油中。关火，全部倒入滤筐，将油沥出。

③ 在大盘中放入单味辣椒、七味辣椒、辣椒粉、韩国辣椒粉，仔细搅拌，用喷雾器将水喷在上面，使其变得湿润。

point
用喷雾器将辣椒全部喷湿。如果不喷湿，加油后容易变焦。

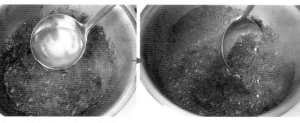

④ 葱油用煎锅再次加热至150℃左右，用大勺一点一点地向③的大盘内添加，并搅拌。

⑤ 关火，利用余热继续加热。自然冷却，待完全冷却后装入密闭的容器内。

# 用美虎辣油制作的美味

让叉烧更美味的辛辣调味汁。

# 叉烧饭

材料（2人份）

米饭……200g

叉烧……60g

油菜……1棵

【调味汁】

生姜末……1小匙

美虎辣油……1大匙

酱油……1大匙

砂糖……½大匙

① 油菜稍微修形，放入盐水中煮一下拿出，将水分沥干。叉烧切薄片，煎锅预热，放入叉烧煎至两面微焦。

② 米饭盛入器皿内，加上油菜和叉烧。

③ 在①食材的煎锅中倒入生姜末、辣油、酱油、砂糖，熬至汤汁变少，且有光泽为止，类似照烧的感觉，然后均匀地倒入②中。

point

煎叉烧可以提香

用煎锅将切薄的叉烧进行两面煎，会使其变得更加美味，肉也会变得更软。

point

将调料汁熬至水分起泡

用煎过叉烧的煎锅制作调味汁，煎锅中的肉香也会进入调味汁中，熬至水分起泡同时变得有光泽就行了。

这是能体验加吉鱼鱼肉的香甜的菜肴。

# 山椒加吉鱼生鱼片沙拉

材料（2人份）

加吉鱼生鱼片 …… 80g

大葱 …… ¼ 根

生姜 …… 5g

香菜 …… 适量

【调味汁】

| 美虎辣油 …… 1 大匙

| 烤肉调味汁（甜味）…… 1 大匙

| 酱油 …… ½ 大匙

| 醋 …… ½ 大匙

| 山椒粉 …… ½ 小匙

① 大葱倾斜着切成细丝，生姜去皮切丝。

② 将制作调味汁的材料倒入大盘内，均匀搅拌。

③ 加吉鱼生鱼片、大葱、生姜倒入②的食材中，轻轻搅拌。然后盛入器皿中摆盘，根据个人喜好添加香菜。

让人有食欲的酸辣汤。

# 酸辣面

材料（2人份）

面条 …… 1 团

番茄 …… 1 个

洋葱 …… ¼ 个

土豆 …… ½ 个

鸡汤 …… 400ml

美虎辣油 …… 2 大匙

醋 …… 1 大匙

① 番茄和洋葱随意切成大块。土豆蒸后去皮，切成 1cm 的方块。

② 将鸡汤和①的食材倒入锅中，开火。煮沸后，加入辣油、醋调味。

③ 面条煮熟，沥干水分后盛入器皿中，倒入②的汤。

责任编辑：王欣艳　xinyan_w@sohu.com
责任印制：冯冬青
装帧设计：北京红方众文咨询有限公司

UMA! TABERU RAYU © TATSUMI PUBLISHING CO.,LTD. 2010
Original Japanese edition published in 2010 by Tatsumi Publishing Co., Ltd.
Simplified Chinese Character rights arranged with Tatsumi Publishing Co., Ltd.
Through Beijing GW Culture Communications Co., Ltd.

**图书在版编目（CIP）数据**

　自己动手做辣油 / (日) 五十岚美幸著；张华扬译. -- 北京：
中国旅游出版社，2013.5
　ISBN 978-7-5032-4695-1

　Ⅰ.①自… Ⅱ.①五…②张… Ⅲ.①辣椒油 – 制作
Ⅳ.①TS264.2

中国版本图书馆CIP数据核字（2013）第062568号

北京市版权局著作权合同登记号　图字：01-2012-8517

书　　　名：自己动手做辣油
作　　　者：五十岚美幸
翻　　　译：张华扬
出版发行：中国旅游出版社
　　　　　（北京建国门内大街甲9号　邮编：100005）
　　　　　http://www.cttp.net.cn　E-mail:cttp@cnta.gov.cn
　　　　　发行部电话：010-85166503
经　　　销：全国各地新华书店
印　　　刷：北京翔利印刷有限公司
版　　　次：2013年5月第1版　2013年5月第1次印刷
开　　　本：787×1092　1/16
印　　　张：5
字　　　数：50千
定　　　价：32.00元
ISBN　978-7-5032-4695-1